想想就开心！

未必事事如意，
依然天天开心的自我心理学

[澳] 路斯·哈里斯 著　[澳] 贝弗·艾斯贝特 绘

莫蔺 译

中国水利水电出版社
www.waterpub.com.cn

·北京·

内 容 提 要

本书以图文结合的方式，为读者分析了常见的心理问题，并提出了通过接纳与承诺疗法调整情绪的主张，同时写出了具体的操作方法和相应的练习，来帮助读者转化痛苦情绪，以实现人生的价值和生活的意义，是一本实用且有趣的心理学图书。

图书在版编目（CIP）数据

想想就开心！ ：未必事事如意，依然天天开心的自我心理学 /（澳）路斯·哈里斯著 ；（澳）贝弗·艾斯贝特绘 ；莫蔺译. -- 北京 ：中国水利水电出版社，2022.1
书名原文：The Happiness Trap Pocketbook
ISBN 978-7-5226-0260-8

Ⅰ. ①想… Ⅱ. ①路… ②贝… ③莫… Ⅲ. ①心理学—通俗读物 Ⅳ. ①B84-49

中国版本图书馆CIP数据核字(2021)第237095号

北京市版权局著作权合同登记号：图字 01-2021-6280

书　　名	想想就开心！未必事事如意，依然天天开心的自我心理学 XIANGXIANG JIU KAIXIN! WEIBI SHISHIRUYI, YIRAN TIANTIAN KAIXIN DE ZIWO XINLIXUE
作　　者 绘　　者	［澳］路斯·哈里斯　著　莫蔺　译 ［澳］贝弗·艾斯贝特　绘
出版发行	中国水利水电出版社 （北京市海淀区玉渊潭南路1号D座　100038） 网址：www.waterpub.com.cn E-mail：sales@waterpub.com.cn 电话：（010）68367658（营销中心）
经　　售	北京科水图书销售中心（零售） 电话：（010）88383994、63202643、68545874 全国各地新华书店和相关出版物销售网点
排　　版 印　　刷 规　　格 版　　次 定　　价	北京水利万物传媒有限公司 河北文扬印刷有限公司 146mm×210mm　32开本　6印张　133千字 2022年1月第1版　2022年1月第1次印刷 49.80元

目 录

PREFACE

前言

如果感到开心，你就拍拍手

天哪!

我们都应该感到开心，不是吗?

像众多心理学书籍提倡的那样，只要心中想着开心的事，我们一切就会安好。可是，面对人生，想要永远保持积极的态度可是件非常有压力的事呢!

> 我的狗死了，我失业了，我妻子弃我而去……
> 一切，还好!

> 开心难道不应该是我们的常态吗?

你理所当然地认为，我们在西方世界较为开心理应是常态。毕竟在那里，我们拥有诸多开心的基础要素。毕竟我们拥有诸多开心的基础要素……

宽敞的住房　　更多更好的食物　　先进的医疗设备

优质教育　　　严正的法律　　　完善的福利

纯净的水资源　　　　与　　　　明净的卫生环境

还享有其他权利

随意旅游　　　公开发表意见　　　投票的自由

 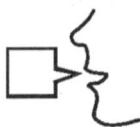 

但真相是，整体来说，我们并不开心。

事实上，通常来讲，我们非常痛苦。

数据显示

每十个人中，
就有一个人确诊抑郁症

每五个人中，
就有一个人时常感到抑郁

每四个人中，
就有一个人存在成瘾行为

30%的成人
都有确诊的精神疾患

你认识的人中，接近50%都曾经在人生的某个时刻认真考虑过自杀……

救护车

而在他们中，每十个人里就有一个人真正尝试过自杀！

开心为什么这么难得呢？

要回答这个问题，我们需要先来了解一下人类大脑的进化史！

悠着点儿！

WOW !

一个远古的人类，你认为他的需求是什么呢？

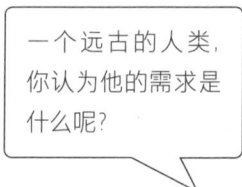

呃……可能就是，得到基本的生存所需吧？

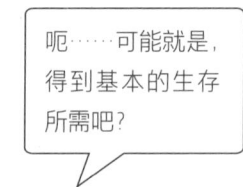

食物！
水！
住所！
性！

他还有一个更急迫的生存需求——

别死！
活下去！

我们越能预见危险，规避风险，我们的生存概率就会越大！

这是好还是坏？是有用还是无用？

你说得不是没有道理，但我居住的社区又没有野兽出没，这种生存需求与现代人类的开心有关吗？

别急，让我们来看看人类的进化史！将祖先们遭遇的麻烦危险和如今蛰伏在我们身边的麻烦危险比较一下——即使后者不一定会发生！

我看我们只是越来越会自找麻烦了？

性侵事件

战争

房贷　被抛弃
失业　尴尬

极端天气

信用卡账单
超速罚单
气候变化
癌症
肥胖症

永失我爱
让所爱之人失望

疾病

粮食和水资源紧缺

破产　偷窃　**污染**
被袭　吸毒

你觉得对我们这位远古人类朋友最大的威胁是什么呢?

我觉得……可能是孤身一个人吧!

没错!假如脱离族群落了单,他是很容易沦为猎物的!

这个场景如果对应现代,该是怎样呢?

现代人仍然害怕离群,习惯通过与他人比较来保护自己!

我融入得怎么样?

我没出岔子吧?

我没有比别人差太多吧?

回到远古时期，人类只能和自己所在的族群比较。

如今，可是跟全世界比了！

更富有　更性感
更出名
更聪明

对野心勃勃的远古人类来说，成功法则就是——拥有的东西越多越好！

这一点可是到现在也没变呢！

而且，无论我们已经拥有多少，我们还是会一直想要更多啊！

没错！我们的现代思想倾向和专注点：永不知足、制造不满！

那么，我们追求的这个开心到底是什么呢？

人生的目标就是追求幸福。
——Tal 的哈佛幸福课

积极心理学专家
Tal Ben-Shahar
博士

开心可以有两种截然相反的解释：

1.
好的感受

因为开心让我们感觉很好，我们追求它，但是很快我们又会发现，开心无法持续。

而且，就像我们已经明白的那样，追寻快乐的一生不仅不能让我们快乐，还会越来越难让我们体会到快乐；可当这种感觉消失时，我们就会感到焦虑和沮丧。

2.
积极的人生哲学

第二种定义与前者不同，它指的是专注于创造丰富、充实和有意义的人生！

具体表现在：

做对我们重要的事　　　朝价值观方向迈进　　　全身心投入手头的事

到此一游

如此，我们才算真正地活过！

但完整的人生都会经历完整的情绪变化。

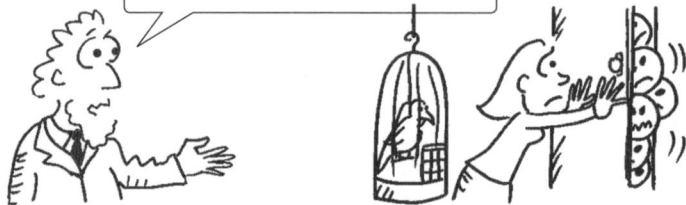

当然，我们都愿意感觉良好，但想要拼命逃避痛苦，是注定会失败的！

一个关于人生的事实就是，痛苦注定会伴随我们的一生。

永失我爱

分居或离婚

遭到拒绝

体弱或亚健康

我们都能够学会处理痛苦感受的方法，它们包括：

- · 为痛苦感受留出空间
- · 与痛苦感受共存
- · 创造值得过的生活

但好消息是

我们将向你展示如何使用接纳与承诺疗法（ACT）！

第1章
关于开心的迷思

从此以后他们过着开心快乐的生活……

我们都会过上开心的生活，对吗，妈妈？

呃！

疾病　财务焦虑

失业　伤心欲绝

生活压力　全球变暖焦虑

失去心爱的人或物

美满结局……我们总相信世事结局理应完满，不是吗？但现实呢？这和你的真实生活体验一致吗？

对于"我们终将过上开心的生活"所抱有的期望，就是我们落入"开心陷阱"的方式之一。

"开心陷阱"包括关于开心的四个迷思，接下来，让我们深入探讨一下……

迷思一：
开心是人之常态

我们所处的文化环境总在强调着"开心是人之常态"这一观念。然而，本书前文引用的关于精神疾病的骇人统计数据表明，这种观点与事实并不相符。

除去医学上可确诊的精神障碍，生活中我们还常会遇到：

孤独 性问题 疾病 工作压力

霸凌 种族偏见 自卑 习惯型愤怒

空虚 中年危机 社交孤立

所以，在现实中，时时刻刻能持续的开心并不常见，然而大多数人仍抱着与这个事实相反的观点！

所有人看起来都很开心，除了我……

这样想，只能是让自己雪上加霜。

迷思二：
不开心是一种心理缺陷

我们的社会普遍认为，正常人感到痛苦是不正常的，是软弱和病态的表现，是心理缺陷……

照这样的逻辑，当我们在生活中不可避免地经历痛苦的感受时，我们就开始自责。

接纳与承诺疗法（ACT）认为：健康的人在正常思维过程中，都会自然地产生精神痛苦。

迷思三：
只有摒弃负面情绪，才能创造更好的生活

在我们所处的"感觉良好"的社会中，我们总被告知要摒弃负能量，积攒正能量。

开心　　快乐

幸福

然而在现实生活中，凡是我们真正在意的事，不免都会让我们体会五味杂陈之感，开心和痛苦总是结伴而至。

例如，在一段长期的亲密关系中，我们能感到欢愉。

自然也会体验挫败。

生活中但凡有意义的事情都概莫能外。

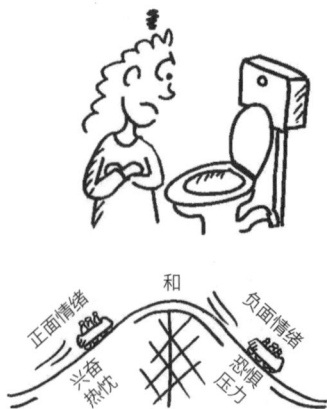

正面情绪　　和　　负面情绪
兴奋　　　　　　恐惧
热忱　　　　　　压力

充实的人生必然伴随着不安的感受和体验，学习如何应对负面情绪是所有人都必做的功课。

迷思四：
每个人都应该有能力掌控自己的想法和情绪

许多心理学书籍都抱着这样的迷思：

人们必须学会用正面想法顶
替负面想法

自我安慰……

……或者想象成

其深层逻辑就是：

心之所想，行之所依！

倘若生活真就如此简单，岂不妙哉！人类大脑经过几十万年的
进化历程才建立起的运作模式，怎么可能会被一两句自我激励的宣
言打败。

即使负面想法在平
静之时短暂撤退，一旦你
再次感受到压力，它们还
是会卷土重来。

负面想法来去自如，
循环往复。光是想着与它
们抗衡就非常劳心伤神。

以上，就是让我们深陷"开心陷阱"这场无望之战的四个迷思。

那你的意思是负面想法和感受是正常的喽？

是的。人，生来皆苦。

那是什么原因，导致这种种迷思在我们所处的文化环境中如此深入人心？

现如今人类已经在很大程度上能够自由操控物质世界，所以自然地也就期许外在世界的那套行为准则同样适用于内部精神世界，然而这根本不切实际。

请跟着我做做以下试验，你就能明白我的意思——

1.试着不要想冰淇凌，维持30秒，它的颜色、口感、味道，都不要想。

别再想了，讨厌！

2.盯着右边这张星星图，与此同时脑中不准出现和星星相关的任何想法，计时一分钟。

可恶！

3.想象有人拿枪指着你的头，并命令你："不准害怕，否则就崩了你！"

我要玩儿完了吧！

4.回忆一段经历，然后忘记它。

做不到啊！

5.感受口腔内部，然后忘掉你的口腔结构。

我还是感受得到！

打从很小的时候开始，我们就被告知应该学会掌控好自己的情绪——

不准哭　　　别哭丧脸　　　别垂头丧气　　　没必要害怕

等我们长大一些，这些观念被进一步巩固——

"哭包"！　　　冷静点儿！　　　打起精神来！　　　别做胆小鬼！

这些情景就好像在说，我们必须凭借意志轻易掌控自己的"情绪开关"——

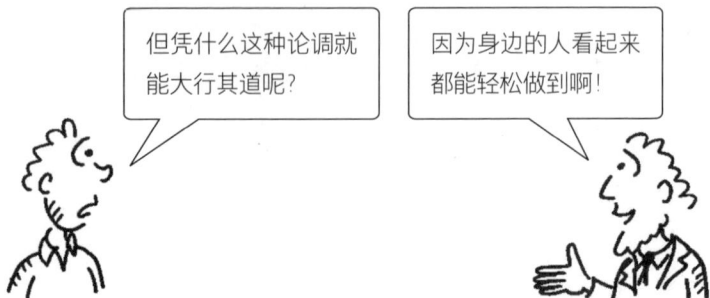

但凭什么这种论调就
能大行其道呢？

因为身边的人看起来
都能轻松做到啊！

事实是，大多数人只是带上了"一切安好"的面具，隐藏了内心的挣扎……

担心！
忧虑！
发愁！

一定行的，
老哥！

于是，这些假象就进一步加固了我眼中大家都"一切安好"的幻象。

第2章
恶性循环

目前的你正历经着以下哪些问题呢？

我的人际关系不太行！

我讨厌自己的工作！

我孤独！

我有健康问题！

我觉得自己老是被否定！

我没自信！

我有成瘾问题！

我经济困难！

我感觉自己的生活就是在原地打转！

我焦虑！

我感到抑郁！

我拥有所有我需要的一切却仍然不开心！

无论你正在经历的问题是什么，它都会为我们带来负面想法和感觉，而我们都会本能地想要试图摆脱它——

我试着忽视！

我试着了断！

我试着掩饰！

这些尝试只会让情况更糟！

你的意思是？

　　你越想摆脱和逃避，就会陷得越深。

我很怕被否定。

和人来往就免不了被否定！

我逃避社交场合。

我越发没有自信。

酒精能缓解我的社交焦虑！

天！我昨晚真做了那事？

我还花光了所有的钱！

我没脸见人了！

巧克力让我快乐！

只是暂时的，只是暂时的！

工作，总是工作，你就不能在家多陪陪我？

家中的气氛只会让我紧张！

你在哪里？

我又得加班！

面对我们想要逃避的负面想法和感受，人类主要的两种应答机制包括——战斗和逃跑。

战斗机制	逃跑机制

与负面想法和感受抗争的方式：

压抑

强硬地忽略负面想法和感受，或将其深藏在心底。

争辩

试图对抗或颠覆负面想法。

逃避或躲开负面想法和感受的方式：

隐藏/逃避

避开会引起不适的场景。

转移注意力

将注意力集中在其他活动中以避免自己的负面想法和感受。

掌控

打起精神！
保持冷静！
振作起来！

试图强迫自己开心起来。

自我贬低

傻瓜！别这么窝囊了！

通过过分苛求自己，让自己拥有对负面想法和感受的掌控。

神游/自我催眠

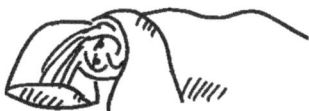

让自己意识不到那些想法/感受。

药物和酒精

通过药物、酒精逃避痛苦。

如果这些方式能够帮助人们应对自己的痛苦，又有什么问题呢？

只要遵纪守法，是没什么大问题。

· 适度控制

· 见效才用

· 不会妨碍你去做真正对你有价值的事

例如：在一段争吵之后，或者在难熬的一天之后，适当地分散注意力对你是有益的。

我得缓缓！

……但假如你整晚沉浸于让自己注意力分散的活动中，就会错失真正的生活！

无聊闹剧

所有用来避免负面想法和感觉的方法，如果不能控制在适当的范围内，就会引发问题——

啊！巧克力！

啊！糖尿病！

主治医生办公室

就让我从马上要考试的压力中放松一下吧！

F

试图将痛苦深埋心底的做法，也不能让痛苦消失！

逃避痛苦感受还会妨碍你去做真正有价值的事：

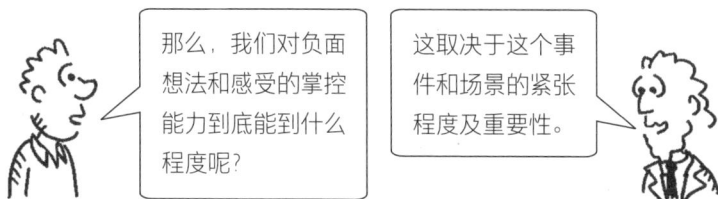

简单的放松技巧也许可以缓解工作一天的压力……

> 放松片刻，呼吸……

……但对于真正的恐慌，这些技巧就派不上用场了！

> 放松?！你是在开玩笑?！

> 无视凌乱的脏房间简单……

> 无视体内的不明肿块就不容易了！

> 所以这又和"开心陷阱"有什么关系呢？

> 这在于，在多数情况下，试图逃避负面想法和感受的做法是无效的。

· 逃避会花费我们大量时间和精力

· 当负面想法和感受再次来袭，我们还是会深感无力

· 通常会为了开心付出更长期或更大的代价

……最终，这只会让你落入越逃避越痛苦的循环中！

试图逃避或摆脱它们

越发痛苦

痛苦的想法和感受

越想逃避

这也就是经验性逃避。

那是什么意思？

就是不断地尝试逃避或摆脱痛苦的想法和感受……

……无论代价如何！

我们越是想要逃避和摆脱痛苦，就越感到痛苦，循环往复！

至此，你就陷入了这个循环陷阱中！

一开始，你觉得那些负面的想法和感觉让你感到不爽……

于是你比一开始更加难受……

悲伤、愤怒、不值得被爱、受伤、羞愧

不！

搞砸了！ 蠢！
失误！ 坏的！ 失败！

起始

于是你想逃脱……

你想回退到你的"快乐地带"

砰！啦啦！ 快乐！快乐！

之后你发现，回到"快乐地带"的代价变得越来越高……

开心陷阱

一切安好

嘿？ 啊！不！

BAD NG

但你的"快乐地带"不过是建在临时和"有毒"的习惯场景上的……

这些方法全都治标不治本……

练习

第一步，列举出你想要摆脱的负面想法和感受。第二步，列举出你曾经用来逃避或摆脱这些想法和感受的方法（比如：药物、酒精、食物、拖延行为、逃避挑战性的场景等）。长期看来，你采取的这些策略是否有效呢？你为此付出了哪些代价？

> 为他人做好事呢？这样能不能让自己开心呢？

> 可以，只要你的主要目标不再是逃避负面想法和感受，不然即使做了好事，也不会让你真正快乐的。

> 我是个坏父亲！

> 我真自私！

> 没人喜欢我！

> 我所做的事不被欣赏！

> 我多付出的话，他们就会喜欢我了吧！

负面的想法或感受　　　　　　总是不满足　　　　　　害怕被否定

> 为了逃避痛苦才做出的举动结果是不会称心的，因为自己觉得有意义而做才会比较好。

你把奔跑穿越丛林，想象成为了早点约会你的爱人而做的事。

还能想象成为了摆脱一只熊的追赶而奔跑穿越丛林。

我们出于逃避负面想法的目的而做出的任何举动，通常结果并不会称心如意，因为这只会让我们感觉自己是在试图摆脱什么，而不是在做有意义的事情。当然，相比起摆脱野生动物的追赶，更多情况下，我们逃避的是痛苦的思想和感觉。

相应地，你可以单纯地为了自己的身体健康去健身房。

也可以是为了逃避负面想法和感受而去的健身房。

我太胖了
我长得不好看

你会听到很多关于如何提高生活品质的建议。

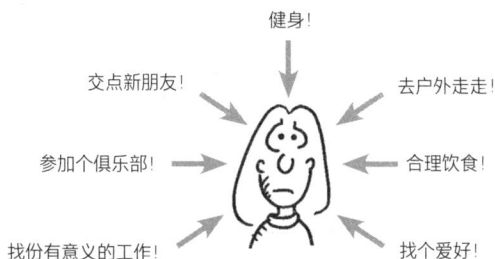

但请记住：你主要是为了逃避负面想法和感受而做的上述的事情，其结果就很有可能不如预期。最好的情况应该是，你是出于对这些事情的重要性和意义的真正认同才做，而非为了逃避。

所以我们应该如何摆脱这样的"开心陷阱"呢？

你能这么想，就已经踏出了认知的第一步。

是时候到下一步——正确地认识和应用接纳与承诺疗法（ACT）了。

第3章
接纳与承诺疗法（ACT）基础

接下来，我们将进一步了解接纳与承诺疗法（ACT）疗法，该疗法能够为我们摆脱"开心陷阱"的过程提供理论支持。

接纳与承诺疗法（ACT）

此疗法基于两大主要原则——"正念"和"价值感"。这将帮助你：

· 有效处理负面想法和感受
· 开创丰富、充实和有意义的生活

"正念"指的是一种特殊的心理状态，在这个状态下，人们有觉知并且开放。想要达到这个状态，有三个技巧：

技巧1：解离

当你能够学会化解痛苦和负面的想法、自我限制的信念以及自我批评，你就能够在很大程度上避免它们对你的影响。

技巧2：拓展

为负面想法和感受留出适当空间，允许它们自然地浮现和消逝，而不是被它们扰乱心神。

技巧3：联结

完全地活在当下，不沉湎过去，不忧虑
未来。

当下！

解离、拓展和联结放在一起，
被称为"正念"。

"价值感"指的是你内心最深处的欲求，比如你想成为怎样
的一个人，比如你想以怎样的风貌面对自己的人生。

在接纳与承诺疗法（ACT）中，价值观决
定着生命的意义、目标和方向。

当你依据自己的价值观选择具体活动，你
做的就是你真正在意的事。

做到了！

接纳与承诺疗法（ACT）是一个已经由科
学证明，能够帮助你构建更加丰富、充实和有意义的生活方法。

准备好了吗？一起来！

切忌浮躁，要一步一个
脚印哦！

第4章
杰出的故事家

现在，来看看大脑都是如何处理自身想法的呢？

其实，想法到底是什么呢？

从根本上来说，想法不过就是一些词汇的联结。

词汇？

我们将词汇用于不同的场景中……

在纸张上呈现的，叫作文本：

那只动作迅速的棕色狐狸一下就跃过了那只懒惰的狗。

通过言语表达出来的，叫作口语：

叽叽喳喳

停留在我们脑海中的，叫作想法：

哔哔哔

想法也可以是一些画面——

词汇

早餐吃什么好呢！吐司和果酱吧！

想象

但请不要将想法和同样发生于内心的"感受"或"感官"弄混。

GURGLE

关于"感受"或"感官"，后文中我们还将进一步探讨，现在我们先探讨想法。

想法——为我们提供生命意义和生活方式选择的指导。

……关乎我们是怎样的人，我们应该成为怎样的人，关乎我们应该避免哪些场景。

> 这件事可以做，那件事先不要做。

> 这个我喜欢，那个我不喜欢。

在这样的过程中，往往我们就会忘记一个事实：想法只是组成我们"故事"的词汇串联。

存在真实的故事，也就是事实……

……也存在由大脑编造的虚假故事。

> 今天放假！

> 没人喜欢我！！

但总的来说，大多数故事都是基于我们看待生活的方式形成，而这又是根据我们自身而定的：

或是在生活中我们想做的事：

> 观点、态度、评判标准、理想、信念、道德准则

> 计划、策略、目标、愿望、价值感

人类的大脑就像一个不停编造故事的机器，它不断地想要吸引我们的注意力！

哔哔哔！故事，故事，再讲一个故事，快注意我！

但如果我们过分地沉溺于这些故事场景中，就会随之产生一些问题：

有坏事要发生了！

我不够好啊！

他们怎么敢这样对我?!

我做不到！

当我们被脑中的故事完全掌控时，当我们的全部注意力完全被它们吸引时，或是当我们完全根据这些故事来决定自己的选择时，这个状态就叫作——混淆。

讲到这一点，分享一个惊人的事实……

快讯！

问题并不出在想法本身，问题出在我们与自身想法过度纠缠。

你说的是真的？

当然！接下来你会明白，一个想法，无论多么负面，只有在你钻牛角尖的时候才会成为问题！

我没明白！

好的

我慢慢给你解释，首先请在纸上记下你的负面想法。

我不够好。

现在，将纸拿在面前，全神贯注于纸上的字。

我是个坏母亲，我是个失败者，我笨。

当你沉溺于这些想法时，你就与那些能让生活有意义的事情脱节了。

我不够聪明，生活真糟糕！

生活真糟糕

音乐 ✕
电影 ✕
朋友 ✕
孩子 ✕
家庭 ✕
体育运动 ✕
食物 ✕
工作 ✕

当你过度执着于负面想法，你就很难再有精力做那些能够让你的生活走上正轨的事情！

想象一下，当你被负面想法扰乱心神时，你怎么可能做好晚餐、开好车、哄好小孩或者静下心来看场电影呢？

我不够好

当我们与自身的想法过度纠缠，这些想法看起来就会像是：

·真实的	你应该深信不疑
·重要的	你应该全神贯注
·如命令一般	你应该照章行事
·很不错的建议	你应该按照这个建议执行
·威胁	有危险或是让人感到害怕

现在，将纸收起来……

然后观察现在的自己，是不是已经可以重新联结并进行那些能够让生活有意义的事情了呢？

音乐
电影
朋友和家庭
孩子
食物
体育运动
工作

这个过程就是我们所说的解离。

你能教教我怎么做吗？

当然！首先，你需要意识到自己的内心里有一个自我批判的负面人格，这个负面人格爱提出负面想法。

我真是无用！

现在，专注于这个负面想法，尽你所能信以为真。

我就是无用！

现在，在这个负面想法前插入一个句："我有一个想法……"

我有一个想法，我很无用！

练习

在脑海中搜寻一个令人沮丧的想法，无声地重复它。

然后在重复的时候，加一句"我有一个想法……"

现在，你有没有发觉那个想法对你的影响没有原先那么大了呢？

这个解离技巧适用于任何想法，无论想法本身是真的还是假的，请尽情尝试这个技巧。

当我们不再与自身的想法纠缠，我们就能够明白，这些想法：

· 不过是一些词汇和画面

· 有些真实，有些则不是（我们不必全然信任它）

· 有些重要，有些则不是（我们只需在它对我们有用时再相信它）

· 并不是命令（按章行事并非必须）

· 有些明智，有些则不是（参考并非必须）

· 无论多么负面都永远不会成为真正的威胁

让我们再来试一次解离的过程，再想一个糟糕的念头？

好的

我就是个失败者！

现在，将这个想法配上生日快乐歌的曲调默唱。

我就是个失败者，我就是个失败者！

感觉如何呢？

唱进歌里之后，这些词汇好像就不再困扰我了！

练习

　　在脑海中搜寻一个令人沮丧的想法，用生日快乐歌的曲调默唱。

　　默唱时，你的感觉发生了什么变化？

　　你是否不再试图挑战、逃避或摆脱它了？希望你最终能够明白：负面想法全都不过是词汇之间的串联罢了。

大脑爱极了故事！不幸的是其中很大一部分故事对我们的生活毫无用处。

在我们的所有想法中，80%都含有负面内容。当我们与这些想法过度纠缠并被这些想法掌控时，就会引发一些问题，这样的状况会让我们感到：

不安全	不安全	沮丧
愤怒	低自尊	自我怀疑

心理学书籍会建议你：

· 自查事实并纠正心理问题

· 让脑中的故事更加正面

· 编造一个更好的版本来替换现有的故事

· 分散注意力

· 舍弃原有的故事

· 不断核实故事真实性

问题并不在于故事的负面性，而在于我们选择了深陷其中，放任这些故事替我们做出生活选择。

就像那些花边小报说的——你就是会轻易相信那些故事。

这可太糟糕了！

或者选择不信！

在"社死"现场

过世的明星

天哪！我就看他们接下来还能编些什么？

通常来说，试图改变、逃避或摆脱的做法是收效甚微的。相反，我们应该做的是直接正视这个故事，为它命名。

这不过是个故事！

请尝试为你脑中的负面故事命名，并且学会将它们视为词汇的串联。

关于"我是个失败者"的故事

关于"我太胖了"的故事

关于"我没能力"的故事

关于"我不值得"的故事

请尝试解离技巧的练习。比如，当你的脑海中出现了许多"我不够好"的相关故事，请对自己说："又来了，这个'我不够好'的故事。"

你喜欢的话，还可以再增加点幽默感："谢咯，大脑！"

好吧，听起来都不错，但是万一，这些故事都是真的呢？

这个问题很棒！后面我们会进一步讨论到！

比如——我太孤独了！

第5章
真正的忧伤

接纳与承诺疗法（ACT）:

最重要的并不是想法的真实性，而是这个想法对你是否有帮助!

实例1

没有帮助的

我不称职!

被贬低了

想想，沉溺于这样的想法中，能帮助你提升自己的工作表现吗?

有帮助的

我可以开口寻求帮助。

拓展技能和知识

实例2

没有帮助的

我就是一坨肉!

自我贬低

沉溺于这样的想法中，能帮助你了解自己，好好照顾自己吗?

有帮助的

我得出门走走!

去做一些让我更加健康的选择!

（即使——我就是一坨肉!——是真的!）

沉溺于这样的想法中，能够解决实际问题吗？

但我真的把钱花光了！

不能，我只会感到更郁闷，之后产生更糟的念头！

可怜人！

失败者！

现在让我们来了解一下所谓的"冒名顶替综合征"！

约翰的工作表现不错，高效又能干……

但他自己却不这么认为！

我只是个假把式，一切顺利不过是我运气好，我总会在哪里犯错然后被大家发现。

约翰因经受"冒名顶替综合征"，会花过多的注意力在对自己过于苛刻的想法上。

……而不是直接的体验。

你根本就不知道你在干吗！

你只是在搞砸一切！

是哦！

这个完美！约翰真棒！

谢啦！

约翰沉溺于"我没有能力胜任"的故事中。他应该让自己从故事的叙述中解脱出来，将注意力转移到真正正在发生的事情上。

练习

1.不要过度专注于某一个想法

想象这个想法出现在电脑屏幕上。

试着变换字体和颜色

2.向大脑道谢

当熟悉的故事再次浮现，或者干脆用上幽默一些的语气！

3. 搞怪的声音

尝试搜寻脑中那个重复浮现的批判想法

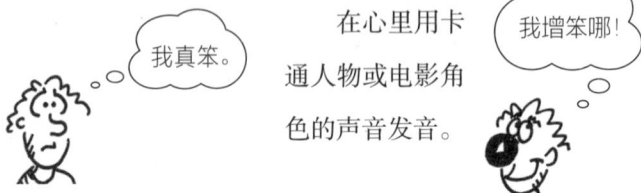

在心里用卡通人物或电影角色的声音发音。

我真笨。

我增笨哪!

4. 儿童漫画书

想象你的想法只是漫画中的一格对白。

我做不到!

超人
我做
不到!

同样，观察自己是否已经不再那么执着于逃避和改变那些负面想法，是否已经明白负面想法不过是词汇的串联。

但我是癌症晚期！我觉得我很快就要死了，这个负面想法就是个真得不能再真的事实！

确实，但沉溺于这样的想法中对你所剩不多的日子有任何帮助吗？你真的想将剩余时光全花在思考这个想法上吗？还是换个想法，你可以试着做一些更有意义的事情呢？

抱歉我实在无法用搞怪的配音默念那令我痛苦至极的负面想法！

这没关系，你可以选择其他对你来说管用的方法。

直到你在任何时候都能随心所欲地与自己的负面想法解离。

这些技巧多久见效呢？

解离指导

· 明白所有的负面想法不过是词汇的串联。

· 不要对练习的结果抱有太多期待，只是单纯地观察感受。

· 明白负面想法有时会退散，有时还是会萦绕在脑海，这些技巧有时会有效，有时并不会。

· 明白你只是个凡人，负面想法总是会在不经意间又纠缠上你，但至少现在你知道如何能够快速让自己解离了。

· 就像其他技能一样，越练习，越精进。

没有什么技巧是万无一失的，解离也有不管用的时候，接下来我们来详细了解一下。

第6章
解离的疑难解答环节

我尝试过解离，但对我无效！

你是说你无法从大脑编造的故事中解脱出来吗？

不是，我能解脱出来，但我仍感到焦虑！

解离不是用来帮助你控制自己感受的方法！

解离的目的是——

让你理解负面想法不过是些词汇，从而帮助你解脱，全新投入到那些重要的事情中去。

但我并不喜欢焦虑的感觉！

这是肯定的，没有人会喜欢！

　　但你越与负面想法（痛苦感受）抗争，你就会越感到痛苦！后文中会详细介绍解决这个问题的方法！

哼！我尝试过解离，但我没能摆脱负面想法。

负面想法有时会退散，有时则不会。解离的目的并不是摆脱它们，只是帮助我们不让负面想法掌控我们生活的正常运转。

但我不是应该试着把事情往好的方面想吗？

问题并不在于想法正面负面与否，而是在于：

我是否会让这个想法掌控我的选择权利，我是否会让这个想法影响我期许的人生走向。

但，正面的想法不就都是对我们的生活有帮助的吗？

试想，醉驾的司机就是因为他们认为自己能在酒醉状态下完成驾驶，不是吗？这倒是一个正面的想法了，但对现实结果有帮助吗？

那，负面想法总是没用的吧，对吗？

崩溃！

不能一概而论！有时候负面的想法也可以触发正面的行动。

这场考试我可能真的要挂了！

我还是好好复习一下吧！

我们的敌人并不是负面想法！负面想法不过只是脑海中浮现的词汇和画面，挑战这些想法，其实是在白费力气，对抗自己。

那深陷在某些想法中，也可以是有用的吗？

一些情况下，也有这种可能。

规划自己的未来，在脑中彩排和想象你的行动，或沉醉在图书中寻找答案，都是有用的沉溺。

所以，观察脑中的那个想法，如果这个有助于自己的生活，便可以加以利用，否则，请尝试解离。

请更多地进行自我观察，观察自己沉溺于想法中的时间和地点，以及自己无法自拔的那些想法类型。我们的目标是能够更好更快速地自查自己的状态，以更清醒地对大脑中的想法加以选择。

就像学习任何其他技能一样，我们都需要不断地练习直到我们能够更加纯熟地使用它，选择一或两项解离技巧加以练习，一旦察觉脑中有想法开始纠缠你，就可以开始练习。一天至少十次，多多益善！

目前你的脑中是否会出现下列想法呢？

是不是傻！

说的什么蠢话呀！

我的生活真糟糕！

尝试解离！　　尝试解离！　　尝试解离！

如果你现在脑中想的是：

谢咯，大脑！

这太难了！我可别自找麻烦了！

尝！试！解！离！

我们都有两个自我——

思维自我	觉察自我
主要负责：	主要负责：

思考	规划	注意力	觉知
判断	比较	意识	警觉
创造	具化	观察	
想象	分析		

当人们在说"脑子""大脑"的时候，通常指的是思维自我。

生活就像一个舞台，舞台之上上演的就是你的所有想法和感受，以及你能看到、听到、碰到、尝到和闻到的一切。

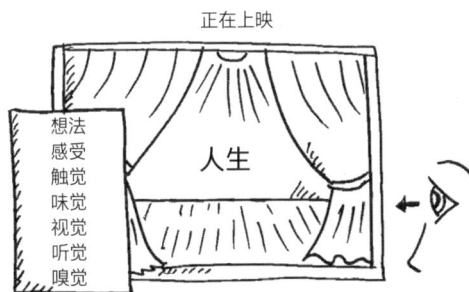

正在上映

想法
感受
触觉
味觉
视觉
听觉
嗅觉

人生

觉察自我负责坐定、观看演出。

觉察自我可以自主将镜头拉近，聚焦在事件的细节之上，同时还可以掌握不断变化着的演出全局。

练习

闭眼一分钟，观察脑海中出现的想法……

思维自我创造想法，觉察自我负责观察。

071

记住——由于进化需要，我们的大脑有时候像个悲伤电台：

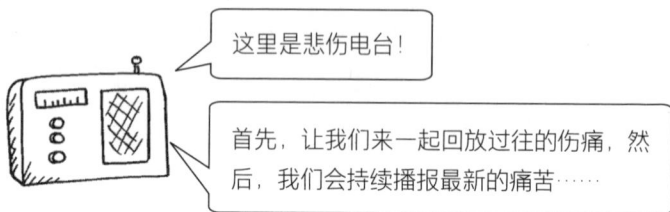

这里是悲伤电台！

首先，让我们来一起回放过往的伤痛，然后，我们会持续播报最新的痛苦……

你根本无法按下暂停键，你越努力，电台音量反而越大！

更多的厄运和悲伤！

安静！
安静！
安静！

如果正在播放的是对你有帮助的故事，请继续听下去，按照它的指引方向行动。

如果正在播放的只是没用的信息，就让它成为背景音吧。

这意味着你要和这个电台争辩。

生活真糟糕啊！

才不是呢！

我也不是叫你忽视它……

呀！我在和你讲话呢！

听不见！听不见！

你可以任由它在一边播放，你只需要专心做自己的事情就好了。

练习

缓慢地深呼吸，反复十次，全身心地专注于呼吸的过程和内在的感官，感受变化。

尝试让你的想法来去自如，识别和感受它们的存在，同时专注于深呼吸的过程。

如果有一个想法让你难受，请冷静地与之解离，专注回呼吸过程。

嗯，这就是我的想法。

反复练习这项技巧，你将能够学习到：

·让想法来去自如

·随时察觉自己是否沉溺于想法中

·解离和重新专注

·平常心——放下对结果的期待，如果最终解离能够帮助你缓解紧张的心情，很好，但应将其视为意外收获，而不是目标。

·无论你沉溺于自身想法有多频繁，经常性地练习解离过程能够帮助你提高解离技巧水平。

·如果条件允许，最好每天可以练习两至三次，每次五至十分钟。

请不要忘记，想法不过是一些词汇或画面。

每个人的脑海中都会浮现令人害怕的画面。

若沉溺于其中，我们就没有更多精力从事我们真正在意的事情。

当我们沉溺在这些想象的画面中时，它们可以非常逼真、急切或让人恐惧，不要忘记我们还可以与这些画面解离。可以尝试以下练习：

练习

在脑海中搜寻一个让你不快的画面，留心这个画面是如何影响你的情绪和感官的。

想象那个画面出现在电视荧幕上。

现在你有权调节画面——慢动作、倒带或将色调变为黑白

明白了吗？让你不快的不过只是一些画面罢了！

现在你可以为这些画面添加有趣的标题、搞怪的配音或是古怪的音乐了。

恐怖郊区
（3D版）

我们可以看到自然状态下的珍妮……

咚咚嗒嗒
（柴可夫斯基1812序曲）

或者是凭借想象，尝试将这些不妙的画面置换到另外一个场景中……

T恤上	画布上	漫画里	邮票上

故居

家，可爱的家

如果这个想象的画面还是会不断地给你带来不适感，请试着在一天当中更多次地练习，直到你感到自己不再像以前那样受那些画面控制。你也可以参考前文解离的技巧：

啊哈!就是那个"我搞砸了"的故事。

给故事命名

我脑海中有一个画面……

我脑海中有一段回忆……

告诉自己这不过是一些画面

又或者……

谢咯,大脑!

还有最后一个技巧(对于录像奏效)

换盘录像带

汪
汪

改变录像带的风格!

| 卡通片 | 西部片 | 科幻片 | 肥皂剧 |

时刻记住，这些技巧是帮助你解离，而不是彻底摆脱。

为什么？

因为这些想法和画面一定会反复来袭的，对抗它们并不是一件易事！

还有，有时候这些技巧会奏效，有时候不会奏效，你应该保持平常心。

第7章
船上的恶魔

想象你正在一艘出海的船上——

甲板之下有一群恶魔，它们包括情绪、想法、感受和冲动等。

如果你继续无目的地漂流，一切安好。但如果你想靠岸，它们就会登上甲板，这可能会导致沉船。

于是你们之间做了一个协定。

但漫无目的地漂流可不是好玩儿的。

更何况，明明有船已经快乐靠岸了，为什么我就不能靠岸呢?

是啊，如果尝试靠岸，那些甲板下的恶魔就会重新冲上甲板！这可不好办吧。

也许可以把恶魔们扔下海？

但你扔恶魔的时候，就没人掌舵了，你可能连带也被淹死。

除此之外，还有太多的问题需要解决……

但是，等你在白天认真观察一下那些恶魔，你就会发现，尽管它们又吵又丑，却并不能真正伤害你。

当你和它们熟悉之后，你就会发现它们并不如想象中的可怕。

而且它们也没有想象中那么多。

也许再熟悉，它们也不会变得可爱，但是至少，它们不能再控制你。

现在你就可以尝试靠岸，做你喜欢的事情！

你心中的"恶魔"喜欢在你尝试新事物时出现，但它们阻止不了你！

问问自己：

·当我的恶魔不再控制我，我将会有怎样的改变？

·我会开始从事（或继续）哪些活动呢？

·当恐惧对我来说不再是障碍，我会怎么做呢？

·当恐惧不能再阻挡我的步伐，我会走向何方？

（那些糟心的想法和画面还是会时常跳出来吗？如果是的话，现在的你应该知道如何与它们解离了吧？）

接下来，让我们进一步探讨一下其中最可怕的恶魔——痛苦情绪。

情绪又是什么呢？

科学上来说，它——

·根植于大脑中

·能够触发体内复杂的变化

这些内在变化会决定我们的行动，决定事件的发生和走向。

下面是一个正在经历着强烈情绪变化（比如：焦虑）的人。

身体感觉：

呼吸短促　　　心跳加快

汗流浃背　　　胃部翻腾

想要逃跑

行为倾向：

语速加快　　　烦躁不安

来回踱步

但是请注意，行为倾向只是倾向！

所以我们是可以选择不做出相应行动的对吗？

是的——如果你快迟到了，行为上可能会倾向于加快车速，但是你也可以选择不加速。

噢！
别激动！

情绪是由大脑中的词汇和画面，以及内在的感官和感受组成的。

我担心这样会出事。

所以我们的情绪会不会控制我们的行为呢？

一句话，不会！

当你感到生气时，你可以表现得平静。

你可能会有大吵大闹的倾向。

但是你不必非这么做，你拥有选择采取何种反应的权利。

当你感到恐慌，并且想要逃跑时……

嘤！

……你选择了面对。

尽管你还没能直接掌控自己的感受。

但你能直接控制自己的行为。

天哪！

我试试不跑，慢慢地撤退？

所以说，关于情绪会掌控我们的行为，这个说法本身其实有很强的误导性呢！

当你正处在强烈的情绪反应中，表面上看，你的行为都是因为情绪干扰的结果。

但经过练习，你可以控制不同情绪时的应对方式，即使是那些非常强烈的情感波动。

即使是怒火中烧的时刻，你还是可以选择：

- ·保持冷静
- ·找水喝
- ·轻声细语
- ·去厕所

人的情绪就像天气一下，无时无刻不在发生着变化。

多云/晴朗　　　快乐

极端强烈　　　不快

可预测

有些人比较善于与他人联结，能够主动将自身感受表达清楚。

无法预测

另一些人比较不容易与他人联结，情感上不易互动。

我感到焦虑和不安。

我也不知道，我感觉，可能还好吧。

情绪产生的过程分三个阶段：

1.一个重大事件的发生

可以是内在的（比如一个想法的浮现）。

我真糟糕。

或者，也可以是外在的。

随后，你的大脑将其认知为重要事件。

2.进而评定级别

为你分析适当的行为选择

好事？坏事？

沉溺？还是放手？

3.大脑开始编造这次事件的故事

受挫？　愉悦？

悲伤？　兴奋？

愧疚？

这些感受并不一定共通

真有趣！

太糟了吧！

请注意，第二步中我们就有可能体验战斗还是逃跑的应答机制！

那是什么？

这是为了物种的存续而深植于人类基因里的应答机制。

让我们决定是选择直面毛茸茸的猛犸象，还是选择逃跑……

我们的大脑生来就会主动识别环境中的威胁……

情绪多变的伴侣	大额贷款	控制狂老板	或者一个令人恐惧的想法

战斗还是逃跑的反应可以触发负面或痛苦的感受。

愧疚
害怕

然而，当我们的大脑将相应事件判定为好事时，这种反应机制相应触发的就是正向感受。

愉悦
荣幸
快乐

但其实，所谓负面和正面不过是关于感受的简单分类标签。

但总归还是正面反馈好吧？

那是肯定！但如果将其作为唯一的行动指南，可是会出事的。

所以接下来，我们一起来看看其他应对痛苦情绪的方式。

第8章
放弃挣扎

现实生活中，许多人已经生活在了痛苦情绪的故事中：

愤怒、愧疚、羞耻、恐惧、尴尬、焦虑以及其他负面情绪。

这些就是通常被普遍认为糟糕、危险和不理性的情绪，会被视作弱者的象征。

不加以掩饰可能还会被认作患有心理疾病。

这些情绪会毁了我的健康。

做人，不就是应该隐藏好自己的情绪吗？

掩饰好这些情绪是做人基本的自制能力吧。

女性不应该生气。

男性不应该感到害怕。

控制好自身情绪是我的责任所在。

如果我控制不好自己的情绪，就会有坏事发生了！

负面情绪代表我的生活中有问题没处理好。

一个人的情绪表达方式，很大程度上是由童年经历决定的。拥有较多负面情绪感受可能是因为：

压抑

长此以往，个人可能会对负面情绪的表达本身产生恐惧情绪。

练习

记下孩提时期自己习惯的情感表达方式：

1.当你在表达自己的情感的时候，曾经被告知过哪些内容？

2.在他人反馈的内容中，你认知到的好情绪和坏情绪分别是什么？

3.从他人身上，你学到的处理情绪的最佳方式是什么？

4.在和家庭成员的交流中，哪些情绪是可以自由表达的？哪些情绪是需要压制的？哪些情绪会引起他人不悦？哪些情绪需要隐藏？

5.哪些情绪能够让家庭成员们都感到舒适？又有哪些会引起家庭成员们的不适？

6.家庭成员中的大人们是否具备处理好自己情绪的能力？

7.他们通常是如何对你的情绪做出反馈的呢？

8.在观察大家的情绪处理方式的成长历程中，你学到了什么？

9.童年至今，你没有改变过的情绪行为习惯包括哪些？

评判自身情绪

我们往往会根据自己的感受来评判自己的情绪好坏。

接纳与承诺疗法（ACT）——不要评判，只是静观：

·内在持续的感官变化

·情绪不能用好和坏来标定

·情绪可以让我们感到痛苦，也可以让我们感到愉快。如果我们过多地纠结于情绪的坏，我们就会与这样的情绪过多地纠缠，从而让我们的生活变得更糟。

我家没有公开自如地表达爱和情意的习惯，所以当我这么做时，我就会不舒服。

但是这不舒服的感觉，不代表不好吧？

我讨厌焦虑的感觉！

没人会喜欢呀！

你的大脑会评判你的感受，但你可以与评判结果解离。以下是一些可以选择尝试的解离技巧的例子：

我受不了这些感受了！

那个"我无力承受更多"的想法出现了。

这太糟了！

来了，那个"焦虑情绪很糟糕"的判断。

评判会让情绪变得更加难以承受，同样还有：

自查

我为什么会有这样的感受？

自查只会制造越来越多的问题，进而呈现出你的人生处处是问题的假象。

复盘

我做了什么要承受这些？

复盘"罪行"来还原这个"情绪惩罚"形成的过程只会导致自责。

找寻答案

我怎么会这样？

通过回顾过往找出那个可以怪罪的人，可能会引发愤怒、憎恶和无望的情绪。

我这是哪里出了什么问题？

这也是自查错误和缺陷的方式。

我无力应对了。

沉溺于大脑编造的类似的故事中只会让你更加疲惫不堪。

我不应该有这样的感觉才对！

这是无意义的争辩。

真希望我没有这种感受。

希望是无法改变现实的。

试着问问自己，如果过度沉溺于这些想法中，对我们有什么好处呢？这样做能帮助我们应对痛苦感受吗？

当我们感受到痛苦时，我们会自然而然地想要逃避或摆脱。

但通常来说我们能找到的行之有效的方法都是短期的。

长期来看，采用了这些方法，只会让我们的生活变得更糟。

所以我们要如何应对痛苦感受呢？

使用接下来我们要讲的这个技巧：拓展。

要了解这个技巧，我们先来看看关于负面的感受的描述：

紧张——神经紧绷的状态

压力——被限制或被压迫的状态

紧绷——超过正常承受范围的状态

换句话说，这三个词汇描述的都是被拉拽或超过正常承受范围的状态。

这些都是很强烈的不易
处理的情绪，通常来说超过
我们的承受范围。

忧愁　　　痛苦

愧疚　　　悲伤

现在让我们看看我们所
说的拓展：

在广度、尺寸和
深度上进行延伸。

但如果我完全地接受自
身感受，我们不就很容易
被这些情绪淹没而容易
失控吗？

这只是你的大脑编造的恐
怖故事！你尽管取笑一下
这个念头，尝试给不同的
可能性更多的空间吧。

在我们进行下一步探讨
之前，我们先来复习一个
早前提到的有用的概念。

嗯？是什么呢？

还记得思维自我和觉察自我吗？

大概记得！再讲一遍？

可以。

思维自我是

想法

举动

画面

回忆

觉察自我是

意识

注意力

专注力

练习

通过觉察自我观察内在状况，让想法自由游走，将它当作背景电台音。

感受你的呼吸，深还是浅？快还是慢？

感受你的口腔，温暖还是冰凉？湿润还是干燥？

感受手臂的姿势？

感受你的脖子和肩膀，肌肉有没有很紧绷？

感受你的提问？哪些部分比较热？哪些部分比较凉？

感受你的脊柱，弯曲还是笔直？

感受大腿的姿势？

还有你的脚摆放的位置？

扫描全身，留意紧绷、疼痛和不适的部位。

现在留意感觉良好和舒适的部位。

有没有想要转变一下这些感觉呢？花些时间活动一下，留意自身感受的变化。

你有没有感到自己特别想要吃或睡觉，什么部位需要挠挠或者伸展？

观察自身身体感受并不同于思考。

我这是做什么呢？

但愿我做的是对的吧。

觉察自我

只是留意感官感受。有时，觉察自我在工作时，思维自我就会安静不说话。

通过觉察自我进行拓展时，我们会避开想法，直接与情绪联结。在这个过程中，我们就能够体验情绪本身，而不是盲目听从思维自我的判断、观察，也不是评判。

但我的想法还是会不断冒出来啊!

我明白,思维自我总是会不断地吸引我们的注意力。

这感觉很糟。

我很害怕。

这太难了。

我做不到。

晚点儿再说吧。

我应该怎么办呢?

任其自由来去。

　　窗外交通堵塞的时候,你不会有兴趣靠近窗户细看每一台车!同样,你不需要对脑中浮现的每个想法都作出反应。

　　如果那辆车刹车时刺耳的声音让你分心了,你就重新集中注意力就好。

进行拓展练习的时候,你应该学会让自己的想法自由来去,不受其干扰,只需要全身心留意体内感官的变化。

记住:

· 情绪因体内的物理变化而产生。

· 你只需要全身心留意内在的感官变化。

痛苦情绪的拓展分三个步骤：

1.检视

扫描你的身体，是否有哪些部位感到不适。

它们是否还在变化中？

情绪深浅？

哪个部位感受最强烈？哪个部位最没受什么影响？

痛苦情绪的起止？

找到对你造成最大干扰的感官感受，抱持好奇和开放的态度观察它。

2.呼吸

慢慢地，深呼吸

随着感官感受的起伏呼吸，尝试为它们的流动游走制造空间。

就好像是为这些痛苦感受开辟一个全新空间。

3.放任

谢咯，大脑！

呃！

挑出对你没有帮助的想法

尝试放任那些你不喜欢的感受的存在，对任何大脑反馈的信息都要心存感激。

不要尝试摆脱或是改变这些感官感受，我们的目标只是正确看待它，并与它和平共处。留心你的感官变化全过程，直到你能够真正明白放弃挣扎的意义所在。接着再找寻新的困扰你的感受，重复这个过程，直到你不再受这些感受影响。

现在，试着在脑海中找寻一个让你不舒服的想法。

不是吧？我可不想让自己不舒服！

你不想，但请试着按我说的做。

为什么我要这样折磨自己？

因为人的一生中，总是会经历不一样的不适感受的。

试图逃避的做法，往往只会适得其反。

主动地去感受痛苦和不适，慢慢地它们就不太能影响到你了。

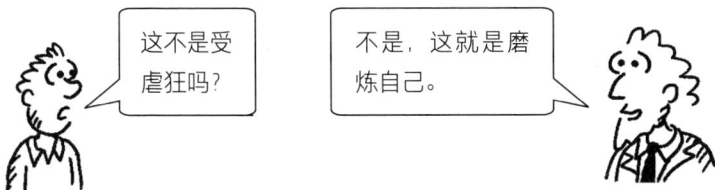

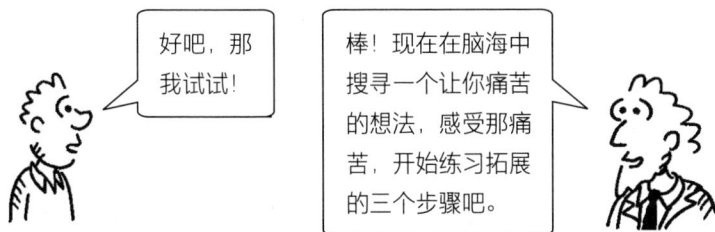

这不是受虐狂吗？

不是，这就是磨炼自己。

所以这么做会有什么正面的结果？

这么做有助于你的健康，增强痛苦的耐受度可是能够帮助你转变人生的技能。

好吧，那我试试！

棒！现在在脑海中搜寻一个让你痛苦的想法，感受那痛苦，开始练习拓展的三个步骤吧。

练习

练习前文中提及的三步练习，每天两至三次，每次进行三到五分钟。

下个章节中，我们一起来破解这个过程中会遇到的难点。

第9章
拓展的疑难解答环节

拓展的概念并不复杂，可执行起来并不简单！但所有有意义的挑战都是一样，拓展练习值得我们的付出。下面我们来探讨一下刚开始进行拓展练习时可能会遇到的一些问题，并且一起解决它。

我尝试为负面的情绪留出空间，但是这些负面情绪真的要命！

一次应对一种负面情绪，不要操之过急啦。

是呀！那不好的感觉消散了！

如果是这样固然很好，但不要忘记，这并不是进行这个练习的目标，这只是我们通过练习得到的额外奖赏。

我尝试为负面的情绪留出空间，但是那些情绪并没有消散！

耐心等待，它们的浮现、停留和退散都是有节奏的。

那我为它们留出空间是为什么呢？

为了让我们能够做出与自身价值观一致的行动。

怎么你老是讲着讲着就回到行为和价值观的问题？

想要过上丰富充实的生活，我们需要按照自身价值观处事（这部分后文还会进一步探讨）。

缓慢的深呼吸是必需的吗？

不是必需的，这一步只是有助于我们调整自身状态。自我观察和放任感受自由游走是必需的。

但当我沮丧时，我感觉自己整个人就是麻木状态。

那就先接受你的麻木状态，然后观察后续的感官感受。

工作时或者在公众场合时，我要如何完成这个练习？

这时候可以速战速决！深呼吸，然后为情绪游走留出空间，再将注意力重新集中到手头的工作上。

思维自我对拓展练习有没有帮助呢？

有的，在与自己对话和想象的时候有帮助。

拓展技巧：与自己对话

我不喜欢这种感觉，但是我努力为它留出了空间。

这并不是让人愉悦的感觉，但是我接受了它的存在。

我有一种感觉……

我不喜欢这种感觉，也并不想要这种感受，但我不会抗拒。

拓展技巧：想象

找寻负面的感受，将这些感官感受具体

化为一个物件，想象出它的：

尺寸

形状

颜色

质感

动态（固定/变动）

现在，请深呼吸，然后为痛苦情绪留出

空间，加上上述技巧再尝试一遍吧！

多少次练习
算够呢？

至少每天三次，当
然多多益善啦！熟
能生巧。

专注于痛苦的感
受不会对我们的
身心健康造成负
面影响吗？

如果你无法释怀这
些感受的话，就会；
但如果你练习好拓
展技巧，就不会。

  这项技巧练习的目标是帮助你能够自如地任由感觉来去，只
在练习拓展技巧时专注它们，其他时间能够留给自己，专注于自
己认为有价值的事。

第10章
完美联结

我们总会在一些时候失神。

思维自我的唯一工作任务就是生成想法。但有时候，这些想法会让我们分心。

人生中大部分的时间我们都是这样度过的。

在你做下列这些事时，你能有多专心呢？

饮食时　　　　　　工作时　　　　　　阅读时

有时，沉浸在想法中能帮助我们更好地处理手头的问题。

虽但大多数时候，情况是相反的。

我没话说了，他现在肯定觉得我很无聊吧！

我得找时间报下税！

这时我们已经脱节了，联结技巧就派上了用场。

那又是什么？

联结指的是完全沉浸在当下的状态，面对当下发生的事件抱持完全的觉知、好奇和开放的心态。

这有什么重要的呢？

这样你就能真正全身心地生活。

否则，即使已经手捧人生赐予你的美味佳肴，你也会有食之无味的感觉。

只有百分百地专注于当下，你才能全然地享受生活。

过去 — 今天工作真糟心。

现在 — 我希望我不要看起来那么贪心。

将来 — 我能准时搞定我那份报告吗?

就像列夫·托尔斯泰所说的:

> 人生
>
> 最重要的,
>
> 就是当下!

我们只能在当下采取行动,只有当我们完全在当下,我们才能采取有效和有价值的行动。

联结就是:

· 有觉知能力

· 有能力觉察到正在发生的所有事件

· 每时每刻都记得感恩当下拥有的一切

在生活如意的时候,完成上述几条是非常自然的事,只是当生活不顺意甚至痛苦时,情况就没那么简单了!

以下是沉溺和联结的差别:

117

沉溺 联结 沉溺 联结
分心 专注 带有评判 解离评判

沉溺 联结 沉溺
容易感到无聊，觉 好奇心态， 沉浸在过去
得自己是全知状态 活在当下 或未来

沉溺 联结 思维自我 觉察自我
心态保守 心态开放 与现实抗争 留心当下，
不抗拒

118

好的，我可以试试，教教我？

那就尝试一下下列练习。

联结练习

指南

如果你发现一些想法和感受让你分心，

请试着放任这些想法和感受自由来去。

当你注意到自己在神游时（你一定会），试着重新集中注意力。

可以在心里说"谢咯，大脑！"。

1. 与当下的环境联结——用时30秒

将本书放下，观察自己的周遭环境。

尽情使用五感，选出五样你听到、看到、感受到的东西。

2.观察自身——用时30秒

观察当下全身各部分的姿势；

检视全身各部分的感受。

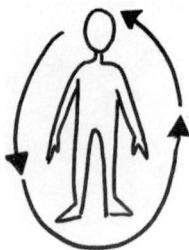

3.呼吸练习——30秒

全身心地呼吸；

感受气流的进出，感受身体的起伏。

4.感受声音——30秒

你都听到了什么呢？

叽叽　哔哔

如何？你都感受到了什么？

我发现，当下发生的事情可还真多啊！

是的，我们就是很容易进入脱节状态的。

当我们忘我地沉浸在大脑和我们讲述的那些故事里时，我们就会和生活中的其他正在发生的一切脱节了。

当我们越是沉溺于那些让我们感到不适的想法中，我们就越与当下真实发生的事情脱节，我们也就离想要做的事情越来越远。

这时我们会感到未来暗淡无望：

> 这样应该会很糟吧！

过去也完全不值得回顾：

> 我失去了一切啊！

> 一切都太没意义了！

如果你不能将自己拉回现实，而是一味地沉溺在想法中，你感受到的就只能是满腔苦闷！

事实上，你应该知道你完全可以反过来试试，效果可大不一样！

联结是能够帮助你进一步感受生活的重要技巧。

> 我真喜欢这个！

练习：做些让你快乐的事

试着每天至少做一件快乐的事。

练习：全身心地做一件有用的事

选择一项不喜欢的事进行联结练习。

注意：

· 不要对结果抱有任何期望

· 只管全身心沉浸在当下

· 感受当下正在发生的一切

· 如果这个练习让你感到无聊或挫败，为这些感觉留出空间

· 如果注意力无法集中，向大脑道谢后再尝试重新专注吧

练习：选择一个你一直在逃避拖延的任务 进行联结练习

选择一项你拖延已久的任务。

为这项任务留出二十分钟时间，进行联结练习。

二十分钟之后你可以选择继续或结束。

每天做二十分钟，直到这项任务完成。

联结技巧的练习就是帮助你加强应变的能力。

生活中重要事件的变化总是会引起我们的不适感。

新工作 ➡ 从零开始　约人出来耍 ➡ 有可能被拒绝

逃避＝没有变化/困滞
联结＝变化/提升

看看输出的结果，想想自己采取的行动，不值吗？

选择解离、拓展、联结，还是相反，决定权在你！

解离、拓展和联结的过程，还可以统称为正念。

这可不是满脑袋正面想法的意思！

按照接纳与承诺疗法（ACT）的定义：

·抱持开放和好奇的心态留心正在发生的

一切

·为内心浮现的想法和感受留出空间

·完全地沉浸在当下

练习：专注地呼吸

反复六次深呼吸，长长地呼气之后，轻轻地吸气（吸气时你会感受到腹部隆起）。进行联结练习：专注于吸气和呼气的过程。

专注的呼吸练习是帮助你提升正念技能的好方法。

练习的过程中，你都有哪些发现呢？

我没那么紧张了。

我没变化！

我开始学会放下。

我还没！

我能与我的身体联结了。

我不行哦！

我感到内在平静了很多。

我还是很混乱！

如果你没能立刻感受到这项练习为你带来的任何帮助，也请坚持下去。每天五次，坚持两周，你会感谢自己的付出的。

专注的呼吸练习可以帮助你与当下联结。

练习三部曲

再做六组呼吸练习，这次不一样的是，前三次，完全专注于呼吸的过程。

胸腔
腹部

后三次，专注于呼吸过程的同时，也将注意力拓展到周围环境，开放你的五感。

触觉
听觉
嗅觉
味觉
视觉
胸腔
腹部

这次，你又有哪些发现呢？

接下来，尝试一组九次的。

前三次：专注于呼吸过程本身。

接下来的三次：专注于呼吸过程的同时，将注意力也拓展至脑中想法。

最后三次：专注于呼吸过程的同时，将注意力也拓展至内在感觉。

快速切换的练习能够提高自身觉知，帮助你更好地接受自己的想法和感受，进而更好地发挥才智，做对的事。

接下来，尝试一组十二次的。

前三次：专注于呼吸过程本身。

接下来的三次：专注于呼吸过程的同时，将注意力也拓展至脑中的想法。

接下来的三次：专注于呼吸过程和脑中想法的同时，将注意力也拓展至内在感觉。

最后三次：专注于呼吸过程、脑中想法和内在感觉的同时，将注意力也拓展至周遭环境。

需要注意的是：呼吸练习并不是一项帮助你放松或逃避感受的方法。这个练习更多的是像一个锚，帮助你在处于情绪风暴中心的时候仍保持平静。

记住要缓慢地深呼吸，即使只做一次，也有助于稳定你的情绪。

想挑战一下吗？

练习

（每天一或两次，一次十分钟）

找一个舒服的姿势，坐着或站着都没问题。

放任脑中的想法自由游走。

花六分钟的时间专注于自己的呼吸过程。

当你发现自己的注意力不能集中时，尝试重新集中注意力。

接下来的三分钟，专注于你的身体内在感官感受。

最后一分钟，睁开双眼，专注地观察你的周遭环境。

坚持并且有规律地练习会使你的身体和心理都受益。

第11章
你的想法并不代表
你本人

你最讨厌自己的哪些特点？

我太害羞/焦虑/需要他人关怀！

我老犯傻，缺乏条理！

我胖，我丑，不健康，还懒惰！

我自私、挑剔、虚伪！

我无聊、严肃、沉闷！

我太爱批判，又激进！

我什么事也做不成，十足的失败者！

我工作成瘾，巧克力成瘾，酒精成瘾！

我迷恋掌控权，偏执、挑剔！

以上是一些典型的答案，每个人都有自己的答案，但万变不离其宗：

我还不够好！

无论我们多努力，无论我们达成了多少成就，思维自我总能找出我们的问题。

131

试着多看看自己的优点……

我的工作表现不错，我注重饮食和运动，我待人慷慨，我已经很不错啦！

当你相信自己其实还不错时，你就会感觉比较好。

其实事实是，一般情况下，我们都会心存挣扎，想要寻求验证……

我是还不错吧……

或者与头脑中那个"我不够好"的故事争辩。

是吧？

拿西洋象棋打比方，你会被困在正面和负面的想法和感受中，不停地来回挣扎。

我是个大好人！

我是个大坏蛋！

首先，你将正方往前移一格……

我帮了朋友的忙。

我升职了。

我要去健身房健身呢。

……却发现反方的反击已经蓄势待发了。

你的那次汇报糟透了！

你可错过机会了，懒鬼！

你的朋友不打电话给你——他讨厌你！

这时，即使正面想法还在不断"进攻"，也不太能够让你的感受好转……

我爱自己，我认可自己！

我是一个很好的人。

我是神奇女侠！

我是超人！

首先你要知道，夸张的措辞对你不会有任何帮助。

133

其次，即使你只是在陈述一些客观事实，你的思维自我还是会反馈负面信息，这就是它的运作方式。

我很善良，我很在意他人感受。

我很忠诚，我值得托付。

曾经的那次呢？

你并不总能保守秘密。

练习

重复以下语句，同时观察脑海中出现的回应：

我是个人类。

我有我的价值。

我值得被爱。

我是一个有能力的、值得被爱的、有价值的人。

我是一个完美的、有能力的、值得被爱的、有价值的人。

没毛病！

这你在开玩笑？

过分了！

想得好！

真可笑！

134

你有没有发现，你为自己设置的"人设"越是正面，你脑中的反馈就越是负面，现在我们一起来看看到底怎么回事吧。

> 我就是个一点用处没有，只会拖人后腿的垃圾。

> 等一下，我才没那么烂！怎么可能，才不会，我才不信！

事实是，我们总是浪费了大量的时间被困在这个通常还非常激烈的无法停息的头脑抗争中。

> 你怎么这么傻？

> 你才不傻，你只是犯了个错！

> 骗谁？你不记得上次？

> 这次又不一样，我已经学到了很多。

> 是啦是啦，你说什么都好！

> 绝对会！

> 不，才不会！

当你全身心陷在这场头脑抗争中，你就没有多余精力兼顾生活中的其他事情。你会迷失在想法中，没有能力处理好其他手头的事。

所以这种情况下，我们可以做什么？

想象自己就是棋盘，棋盘是不能参与棋子的战争的哦！

具体要怎么做？

用上你的解离技巧！让自己与所有这些头脑中的故事解离，正面和负面的，统统解离。如果是负面故事，可以试试这么做：

我是个失败者。

谢咯，大脑！。又和我多讲一个"我不够好"的故事。

如果是正面故事，可以试试这么做：

我很好！

谢咯，大脑！。又和我讲多一个"我已经足够好"的故事。

允许这些想法像电台背景音一样自然地播放，然后，全心全意享受生活。

想象在你的葬礼上，你更加希望你爱的人如何评价你？

她体贴、善良又真诚。

还是？

她对自己评价好高。

你的想法不代表你本身。尝试与这些头脑编造的故事解离，要活在当下啊！

另外，还有很重要的两件事可以让你的生活更加丰富、充实和有意义。
其一是：学会完全地专注于当下发生的事。
还有就是：请时刻自查，确定自己正在做的事是有意义的！

第一件事，我还可以，第二件事，要怎么做？

本书的后面部分，我们就会探讨这个问题。

137

第12章
听从你的心

为了让生活更丰富、充实和有意义，我们应该多多反省看看自己的时间都花在哪儿了，以及我们为什么要这样分配时间。

要确定哪些是我们真正看重的事，我们需要先回答几个问题：

·内心深处，你觉得哪些事对你来说是重要的？

·你想成为怎样的人？

·你的理想人际关系？

·如果你不再需要与自身感受抗争，不再需要逃避自己的恐惧，你会想要将自己的时间和精力转移到哪些事情上？

价值观指的是：

·我们内心最深层的欲求，我们想要的行为模式，我们想要成为的人物。

·我们待己待人和看待世界的方式。

当我们依照着自身价值导向行事，我们就能拥有活力，以及丰富、充实、有意义的人生经验。即使是痛苦，也无法影响我们。

价值观并非目标

价值观	目标

我想成为有爱心的人。

我想结婚。

价值观

· 内心深处渴望的行为模式。

· 想要的人生方向。

· 一直存在的人生路标。

目标

· 你想得到、完成、拥有或达成的东西。

· 目标一旦达成就代表完结，不复存在。

不断发展的价值观	没能持续的价值观	目标	完整的目标

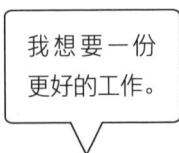

我想要一份更好的工作。

来上班吧!

我想要成为有效率、有创造力和有责任心的人。

回家再说。

142

价值观有这么重要吗？

让我给你讲一个犹太精神病学家维克多·弗兰克的故事。

弗兰克是奥斯威辛集中营的幸存者。

从集中营出来后，

他写作了《活出生命的意义》一书。

基于他的真实经历以及营中的观察，

书中他特别提到，集中营的幸存者并非人群中最健壮的那些人，

而是那些有着目标的人，有着生存渴望的人！

弗兰克的目标是他的妻子。

我会与她再见的！

为了她我得活下去！

这个目标让他看到了熬过这段恐怖岁月的意义。

我的孩子！

我要将这里的一切公告世界！

有着生存渴望的人！

坚持住啊乔瑟夫！

没有生存目标的人，就失去了生存的意志！

人生之路确实是不好走的，凡是有意义的事情都会为我们带来挑战，挑战就会让我们面临是否要放弃或坚持的选择。

太难了。

我完全看不到希望！

价值观会为这些努力增添价值。

143

如果你看重的是：

与大自然多接触　　做一个有爱心的母亲　　自理自助

你就会远足。　　你就会抽出时间与孩　　你就会多锻炼，
　　　　　　　　子玩耍。　　　　　　注意饮食。

但如果你（很多人都是一样，不光是有抑郁症状的人）这样想：

这一切有什么意义呢？　　就这样了吗？　　我没用。　　有时我想一了百了。

即使到了这种地步，价值观也会助你保持人生目标和意义。

练习

想象你现在已经八十岁。

根据下列提示完成句子：

· 我花了太多时间去担心……

· 我花了太少时间真正地去做……

· 如果时间能倒流，我会……

144

现在，观察一下，前文提到的那些船下的恶魔是否还在挣扎着试图登上甲板？

是的！

思维恶魔

我就是个伪君子！

我早晚失败！

太迟了！

我没法儿改变的！

我太忙了！

我太累了！

我实在没想到自己混到如此地步！

情绪恶魔

焦虑

困惑

愧疚

受挫

恐惧

羞愧

悔恨

尴尬

那就尝试抛出"船锚"吧！

怎么抛？

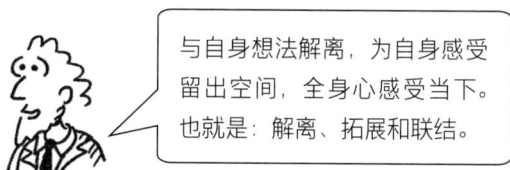

与自身想法解离，为自身感受留出空间，全身心感受当下。也就是：解离、拓展和联结。

你到底想要什么呢?

想要快乐

想要富足

想要成功

想要一份好工作

想要被爱

想要结婚生子

以上这些都不是价值观,它们只是目标。为了让你对价值观有更深的理解,请完成下章的练习。

请记住:过去并非真实存在,所谓的过去不过是当下的回忆。

未来也并非真实存在,所谓的未来不过是当下的想法和想象。

所以来说说你拥有的是什么呢?

当下!

所以请记住了,拥有最多人生财富的人,是那些最能把握当下的人!

第13章
千里之行

本章的开头会和其他章节略有一些不一样，没有漫画部分，只有测试，希望这能够帮助你确认自己的价值观。这部分练习有助于后面所有章节的理解，请务必先完成这部分内容。

练习：认清你的价值观

以下是四十条常见的价值观。请通读后按照对你来说的重要程度在每一条后面的方框内填入对应字母。

V：非常重要

Q：挺重要

N：不重要

1.开放程度/自我认可：接纳自己，接受他人，接受生活本身等。 ☐

2.冒险精神：喜爱冒险，主动探索新奇和刺激的体验。 ☐

3.笃定：能够体面地为自己的权利挺身而出，为自己的欲求主动出击。 ☐

4.真实感：可靠、真诚、真实，做自己。 ☐

5.贴心/自爱：关爱自己，关爱他人，关爱所处的大环境等。☐

6.共情能力/善待自己：善待处于痛苦状态时的自己和他人。☐

7.联结：全身心投入正在做的事情，拥有与他人交流的能力。☐

8.奉献精神和慷慨：有能力奉献、给予、帮助、协助或分享。☐

9.合作：能够与他人合作和协助他人。☐

10.勇气：勇敢，有勇气，即使面对恐惧、威胁或困难时依然能够坚持。☐

11.创造力：有创造力或创新能力。☐

12.好奇心：抱持好奇、开放和天真的态度，愿意探索和发现。☐

13.鼓励：对自己或他人做出的与自己价值导向相近的行为表示鼓励并奖赏。☐

14.刺激：愿意追求、创造和投身到让人兴奋或刺激的事情。☐

15. 公平和公正：对自己和他人的行为都能保持公平公正的评判眼光。 ☐

16. 健康：保持、改善或照顾自己的身体和心理健康。 ☐

17. 灵活：能够随时调整并适应不断变化的环境。 ☐

18. 自由和独立：有能力选择自己的生活方式，也有能力帮助别人。 ☐

19. 友好：能够对他人保持友好和善的态度，避免让他人感到不适。 ☐

20. 宽恕/自我宽恕：有能力宽恕自己或他人。 ☐

21. 乐趣和幽默：爱玩儿，也爱探索、创造和参与充满乐趣的活动。 ☐

22. 感恩之心：对自己，对他人，对生活心存感激。 ☐

23. 诚实：对自己和他人要诚实、真实和真诚。 ☐

24. 勤奋：勤奋、刻苦。 ☐

25.亲密：在情感或身体层面，愿意尝试开放和分享。☐

26.善良：对自己或他人友善、体贴、关照或关怀。☐

27.爱：对自己或他人的行为怀有爱意或善意。☐

28.正念：敞开心扉，参与其中，对当下充满好奇。☐

29.条理性：有条理、有组织。☐

30.坚持和遵守承诺：遇到问题或困难时仍能够坚持执行下去。☐

31.尊重/自尊：关怀和体贴自己和他人。☐

32.责任：对自己的行为负责。☐

33.安全感和保障：能够保障、保护或确保自身或他人的安全。☐

34.感性和愉悦：能够创造或享受愉悦和感性的体验。☐

35.性感：能够探索或表达自身性需求。☐

36.熟练度：不断练习和提高自我技能，并充分运用自己的能力。

37.支持：对自己和他人都会付出时间支持和帮助。

38.信任：值得托付，忠诚，信念感强，真诚，可靠。

39.其他：_____

_____

40.其他：_____

_____

我已经填完并认清了自己的价值观，现在怎么做？

行动！有意义的人生不会自动在你面前摊开，你需要行动，向它迈进！我们可以先将生活分为四个方面：

1.健康

包括身心灵三个层面的健康。

2.休闲

包括玩乐和游戏——休闲活动、体育、爱好和创造性。

3.工作和教育

包括无报酬的工作（志愿工作等）、学徒工作，和自我教育（读书等）。

4.人际关系

包括朋友、家人、邻居和同事等。

提示：每次着手一个领域，否则你很容易因为感到困难而放弃。放慢步伐，最终你可以搞定全部。

我应该如何开始呢？

要设定有意义的目标，可以分五步：

第一步：总结你的价值观

先选择一个领域，写下四至五件对你来说有价值的事。

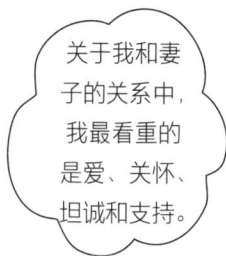

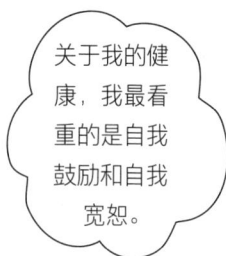

关于我和妻子的关系中，我最看重的是爱、关怀、坦诚和支持。

关于我的健康，我最看重的是自我鼓励和自我宽恕。

第二步：设定一个当下就能够施行的目标

为了提升你的自信心，这个目标应该尽可能小和简单，最好今天可以完成的那种！

我要打电话给妻子，告诉她我爱她。

中午我要散步十分钟。

中午我要做健康餐吃。

不要忘记：千里之行，始于足下！

第三步：设定一些短期目标

这些目标指的是与你的价值导向相符，并且近段时间内可以完成的一些小事。

> 我喜欢帮助他人，但在这份工作中，好像没有我施展的空间。

> 我还是去网上搜搜有没有更有意义的工作吧。

不要忘记：积水成渊，聚沙成塔。

第四步：设定一些中期目标

现在可以向更长远的方向展望，请记住，这些目标需要很明确哦！

> 我很看重我的身材，月底前我要当上健身房的常客。

> 每周三次健康晚餐。

> 我每天都要慢走二十分钟。

第五步：设定一些长期目标

想要最终活出理想的自我，我应该去直面哪些挑战呢？

我希望半年、一年、五年后的我，都在做什么呢？

行动方案

现在将你的这些目标拆解，列入行动方案中。

· 拆解目标

· 需求资源分析

· 时间节点设定

举个例子，如果你的目标是一周去三次健身房，你的行动方案可能就是：

| 开卡 | 购入健身装备 | 安排健身日程 |

你需要的资源可能就是：

| 开健身卡的钱 | 健身服装 | 还有健身包 |

再具体一些可以是：

> 我现在将包收拾好。

> 下班就可以直接去。

> 我就可以开始我的第一次健身啦！

> 如果我无法取得我要的资源该怎么办？

你可以选择：

改变你的目标

> 我可以去跑步，跑步不用花钱！

为资源的获取设定行动方案

> 我要存钱！

有时，你需要的资源可能是某项技能：

你可以：

· 为习得这项技能设定
相应的行动方案

· 调查和阅读相关资料

· 报名参加相应课程

> 我的目标是提升人际交往技巧，但我不知道怎么做。

练习

请写下：

· 想要精进的一个人生领域

· 关于这一人生领域的价值导向

· 目标（当下、短期、中期、长期）

· 记下当下和短期目标的行动方案

一个好消息是：

> 当你重新掌舵，决心靠岸时，你就不再只是随波逐流了。你应该充分利用这段旅程来体验人生，因为你走的正是正确的方向！

第14章
找到充实感

在以自身价值感为导向的生活中，我们更有可能达成自身的目标。

为什么呢？

因为如果你的目标符合你的价值感导向，你就会更有动力完成这些目标！

此外，以价值感导向为准则的生活能够在当下就为你带来充实感。

怎么说？

比如，你的目标是买套房，你为什么会设定这个目标呢？

我想守护家人的安全，好好照顾他们。

所以，照顾好家人就是你的核心价值观，可以这么说对吗？

没错。

那无论如何，你都可以照顾好家人的！

我明白了，按照我的价值感导向生活，即使得不到房子，我也会照顾好家人。

163

如果反过来，你是那种不达成目标就不快乐的人，你的人生就会很痛苦。

可我真的很想要那个房子！

你不需要放弃这个目标！你可以开始存钱！

意思就是，我不需要等到我真的拥有一套房，就能够拥有照顾好家人的满足感。

还有其他的例子：

分析一下目标的核心价值观？

当下你就有很多种方式做到这一点！

我想成为一名医生，但我要付出十年苦功！

核心价值观：我能够帮助他人。

还有一个普通的目标就是找到伴侣，如果没有伴侣，总会让人痛苦！

唉，我好孤独！

这种情境下的核心价值观是什么呢？

关爱、关怀、感性和有趣！

这些核心价值观同样可以在与家人、朋友相处或独处时实现。

但这不一样吧！

是不一样，但你可以做出选择：

·通过做符合自身价值感导向的事情，在此时此刻的当下，寻找意义。

·专注于未能达成某个目标的事实，而沉浸在痛苦中。

如果我达成了我的目标呢？

达成后你总会有新目标的！

如果你就是持续地专注于目标之上，你永远也不会感到满足。然而，价值观是可以持续为你提供充实感的。

第15章
充实的生活

有意义的生活为我们带来的额外奖赏就是积极正面的体验。

这不是好事吗？

当然是好事，当你正在经历着积极正面体验时，心中抱持着多少感恩都不为过。

但要是将这些体验进一步地变成追求的目标，就会出事。

什么意思？

因为这样你就会再次落入"开心陷阱"！

你越是在意愉悦的感受，你就越会抗拒痛苦的感受。

那我要怎样面对我的愉悦感受才对呢？

运用正念技巧！

人生的每一天都是充满机遇的，不要忘记感恩生活，即使你需要努力的地方还有很多！

只是我们常常忽略生活中值得感恩的小事。

通过正念技巧的练习，你就能更加顺利地生活在当下，体验当下的一切。

我要怎么做？

倒是有几种方式：

吃饭的时候，慢下来，细细品味。

昂~

用心品尝，感受口腔的感官变化。

下雨的时候，观察雨景。

细听雨声的高低大小，看看雨的形状，闻闻空气的味道。

晴朗的时候，也要感恩。

感受阳光的温暖，感受明朗的一切。

当你拥抱、亲吻他人，或与他人握手时，全身心投入。

感受温度和内在体验的流走。

当你感觉很好时，认真感受。

哈!

感受自己的身体，观察所有的感官、想法、画面，并感激拥有的这一切。

像第一次睁眼一样，注视你在意的人的眼睛。

观察他们的肢体表达、动作和特征。

171

抱持孩童般的好奇心观察小动物。

选择一件家中物品，细细地观察它，就像此前从没见过似的。

在起床之前，深呼吸十次。

观察它的颜色、行为和长相。

开放五感，感谢物品为家庭做出的贡献。

观察自己肺部的起伏，想想肺部对你的生存有多重要。

当你与自己的价值观联结，并且以其作为导向行动时，也许你还会发现其他的变化。

你越是活出自己理想的样子，就越有可能得到理想的回应。

珍惜你得到的回应。活在当下，感受正在发生的一切并心存感激。

当你抱持开放、善良和接纳的心态，你也许也会遇到相应对你抱持同样心态的人。

大多数情况下啦！（如果没有，就换个环境吧！）

认真体会所有正向的交流，更多地关注生活的丰富性。

建立联结的方式可以包括：

表达你对他人、生活和自己的感激；

将自己的困难和欢喜都与他人分享；

告诉朋友，他们在你心中的地位。

你做得真棒。

你能听我讲讲吗？

你真是我的好朋友！

当你完成了符合自身价值观导向的一些目标，通常就会产生一种愉快的情绪。品味这种感觉并享受它，即使是很小的一件事。

哈！整洁多了！

很棒的健康晚餐呢！

打个招呼！

不够好！

当思维自我用编造的故事让你分心时，你就很容易忽略掉生活中这些简单的美好。

正念

· 唤醒你对从前可能认为理所当然的美好事物的认知

· 养成开放和好奇的心态

· 帮助你注意到生活中更多的潜在可能性

· 带来刺激和新奇感

· 改善人际关系

· 增加成就感

· 触发有效的行动

当生活一切顺心时，自然而然地活在当下不会太难。

当你处于逆境中，脑中的想法可能就会让你分心。

最重要的是——不要忘记做正念练习！

在自己快要偏离轨道的时候拉自己一把！

第16章

意 愿

想象你为了一睹山顶壮丽的风景而决定攀爬某座山峰。

行至半山腰，你就觉得山峰"超级"陡峭，道路"超级"狭窄，路面"超级"坑洼。

你感到寒冷和疲惫，身上也湿漉漉的，你意识到，前进只会让你感到更糟。

> 真没想到竟然这么难啊！

但你还是愿意忍受所有的不适感，并不是你想要或享受这种感觉，而是因为这条路，是你选择想走的路。

> 等我登上山顶，看到那壮丽的风景，一切就都值了！

再比如，你想写本书，你会遇到很多障碍。

> 我永远不会成功的。

> 我能力不够。

> 失败了可怎么办呢？

> 我害怕。

不断拖延   或者   回避，分散注意力

不急的啦。

截止时间：
一周后！

我现在想
不出啊。

我去喝点
儿什么先。

可能你最终还是
开始行动了。

好啦，让我
来列个可行
的小目标先。

每天写
十页！

并且，也赋予这
个目标价值。

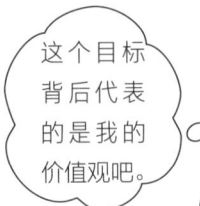

这个目标
背后代表
的是我的
价值观吧。

勇于挑战
自我
能够帮助
他人
拥有创造力

你也明白无论最终
结果如何，为了写作的
付出都是值得的。

权当打磨我
的技能嘛！

但越深入，就注定后
面遇到的困难越多。

我没想法了！

178

接下来，你可能就
会想要打退堂鼓了……

此时，就是意愿发
挥作用的时刻了。

意愿指的是：

· 为了继续有意义的事，要为负面想法和感受留出空间。

· 走出舒适区，着手对自己有价值的事。

意愿是日常生活中的每一项小选择。

179

想要观赏一部电影，你就愿意购买电影票。

想要度假，你就愿意收拾行李。

想要通过一门考试，你就愿意认真学习。

意愿是消灭障碍的唯一方法，当障碍出现，你可以选择：

拒绝它，你的生活就会停滞，选择范围就会变窄。

又或者

去拥抱它，尽管你也还不能看清前路，也不能确定前方是否还有更难更大的障碍等着你，但是拥抱障碍能够让你的生活更有力量。

如果我一直碰到障碍，我的生活哪来的延展空间呢？

接纳障碍能够为你带来更多体验和内在力量，你会成长！

如果对你来说，找到伴侣很重要，那么在找寻的过程中，你可能会感觉到：

悔恨　怀疑　焦虑

以及可能经历真实的失望感！

你可以选择继续或停下。

就是他了吧！

又或者，你想换份更加有意义的工作。

从前的我只想要身份和金钱，现在我更想帮助他人。

这也就意味着：

· 更少的薪资

· 需要额外付出，努力学习

· 长辈们的反对

负面想法　沮丧　　不安全感

怀疑　　　　　　脆弱感
　　　　　　　　头脑中的
　　　　　　　　老故事

心理
治疗

练习

列出为了达成目标，你愿意忍受的体验。

问问你自己：

想法：　太难了
做不到
感受：
焦虑　　无聊
感官：
心跳加速
牙关收紧
冲动
打退堂鼓　情绪饮食

这其中有没有
哪些是我忍受
不了的呢？

没有吧！

（尝试正念练习：解离、拓展和联结）

第17章
有意义的人生

你可以将接纳与承诺疗法（ACT）应用在所有你想精进的生活领域中：

健康　　　　　休闲　　　　工作/教育　　　　人际关系

当你产生无
用的想法时，学

无论做什么事，　　　　无论面对什么　　　　会和它们解离。
都请全身心沉浸。　　　人，都请诚心交流。

当你有负面的感受时，学会为它们留出空间。

无论你的价值观是怎样的，你应该始终如一。

接纳与承诺疗法（ACT）平和心境挑战

养成能解决问题的勇气，培养和接受不能解决问题的平和心境，拥抱识别差异的智识。

如果你的问题
有办法解决

如果没办法解决

关注这里!

缺钱

残疾

依循你的价值
观导向，采取有效
的行动吧!

使用解离、拓
展和联结帮助自己
接受这个现实问题。

记得联结环节
要多加练习。

你可以选择接受，或者选择采取有效的行动，或者接受的同时采取有效的行动。

当你采取行动时，请全身心沉浸到你正在做的事情中。按照你的价值导向行事，留心观察你的行动所产生的影响。

不要忘记：过去并不存在，它只是当下的记忆。未来也不存在，它只是当下的想法。

再告诉我一次，现在你
应该把握的是什么呢?

当下!

请记住：最会利用现有资
源的人，才能得到最多!